ANALYSE

DES

EAUX MINÉRALES

DE CHARBONNIÈRES,

DITES DE LAVAL,

Par M. ROUJEAT-MARSONNAT,

Curé de Tassin et Charbonnières, près Lyon.

Nouvelle Édition, contenant aussi le résultat des Expériences faites sur lesdites Eaux par M. CARLHANT, pharmacien à Lyon.

LYON.

IMPRIMERIE TYPOGRAPHIQUE ET LITHOGRAPHIQUE

DE LOUIS PERRIN,

rue d'Amboise, 6, quartier des Célestins.

1846.

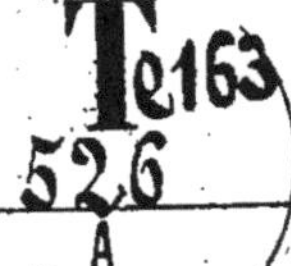

ANALYSE

DES

EAUX MINÉRALES

DE CHARBONNIÈRES,

DITES DE LAVAL,

Par M. RouJEAT-MARSONNAT,

Curé de Tassin et Charbonnières, près Lyon.

Nouvelle Édition, contenant aussi le résultat des Expériences faites sur lesdites Eaux par M. Carlhant, pharmacien à Lyon.

LYON.

IMPRIMERIE TYPOGRAPHIQUE ET LITHOGRAPHIQUE

DE LOUIS PERRIN,

rue d'Amboise, 6, quartier des Célestins.

1846.

INTRODUCTION.

Les Eaux minérales de Charbonnières ont un succès si constant pour la guérison d'un grand nombre de maladies aiguës, chroniques et cutanées, même des plus graves, que l'on ne saurait trop faire connaître les substances dont elles sont composées, et publier les effets qui résultent de leur boisson.

La nature, toujours féconde dans les moyens qu'elle offre à l'homme pour conserver et rétablir sa santé, lui présente, comme un remède des plus curatifs, les eaux minérales dont les sources abondent sur la surface du globe, notamment en France. Si l'existence des eaux minérales est un bienfait de la nature, celui qui en découvre les propriétés a droit à la reconnaissance de ses concitoyens : à ce titre, que de grâces à rendre au respectable curé de Charbonnières ! Il a découvert la source des eaux minérales qui coulent dans cette commune ; il les a analysées ; il a su en apprécier les vertus, et en a publié les résultats avec un zèle qui honore sa philanthropie, et une sorte d'opiniâtreté qui était nécessaire pour lutter contre les détracteurs d'une découverte aussi précieuse, surtout pour les citoyens de Lyon et des contrées voisines ; puisque la boisson de ces eaux leur offre un remède sûr pour la guérison d'une multitude de maux qui affligent l'humanité, tels que les fièvres de tous les genres, les obstructions, la jaunisse, les faiblesses d'estomac, les maladies de la peau les plus invétérées, les douleurs rhumatismales ;

celles appelées la goutte, les paralysies récentes, le scorbut, les dépôts de lait, les pâles couleurs, la cachexie, les règles supprimées ou diminuées; elles procurent les purgations menstruelles dont la non-existence cause souvent de grands ravages chez les jeunes personnes du sexe; elles opèrent la guérison des fleurs blanches, des hémorrhoïdes internes et externes, du calcul, autrement dit la pierre, des rétentions d'urine et tous embarras dans la vessie; elles peuvent être employées avec succès dans les cas d'atonie et d'inertie des fibres, pour les affections nerveuses, les maladies vénériennes, et toutes les maladies résultantes d'un dérangement dans la combinaison et l'équilibre des principes qui composent la masse du sang.

La modestie de M. Marsonnat force au silence sur ses vertus; mais sa moralité est peinte dans les deux vers suivants, gravés sur une pierre placée au-dessus de la fontaine de Charbonnière :

De cette onde, en ces lieux, Marsonnat est l'image;
On n'apprend ses bienfaits que par ceux qu'il soulage.

Cet homme, zélé pour le bien public, n'a épargné ni peines, ni soins, ni même la dépense pour faire connaître les propriétés des eaux minérales de Charbonnières; et c'est à une sorte d'enthousiasme, que sa découverte lui avait inspiré, qu'est due la publicité qu'elles ont obtenue, et la réputation qu'elles méritent par le succès constant qu'elles ont pour la guérison d'une infinité de maladies, même les plus graves.

ANALYSE

DES

EAUX MINÉRALES

DE CHARBONNIÈRES,

DITES DE LAVAL.

Je découvris les eaux de Charbonnières, dites *de Laval*, le 30 septembre 1774.

Leur source est située sur la commune de ce nom, à deux cents pas au-dessous du château Laval, une lieue et demie de Lyon, et un quart de lieue à gauche de la grande route de Paris par Moulins. Les bâtiments, la levée d'où sortent les eaux, les bois et fonds environnants, appartiennent à M. de Laval, qui a fait beaucoup de dépenses pour empêcher les eaux de la rivière de se mêler avec les eaux minérales; c'est à lui que le public doit la construction du tabouret qui préserve la source de toute détérioration, et celle d'une forte levée en pierres sèches, qui établit le chemin au-dessus des hautes eaux de la rivière. Avant ces utiles réparations, il était difficile d'arriver jusqu'à la source, et dangereux qu'elle ne prît une autre direction, en se creusant un passage au niveau du lit de la rivière, avec laquelle elle se serait confondue.

La source se trouve dans un vallon environné de monticules; elle sort avec rapidité à un pied et demi au-dessus du terrain, à travers les pierres amoncelées d'une levée formant autrefois un étang, qui a cent soixante pieds de long sur trente-cinq pieds de haut. L'eau tombe sur des pierres de la nature du granit. Dans les endroits où elle est retenue et ne coule pas avec rapidité, il se forme à sa surface une pellicule colorée, représentant l'iris lorsque le soleil y donne.

Il paraît que cette source vient d'une petite montagne au nord, qui est éloignée de cent pas. Cette montagne, couverte de bois de pins, est composée de granit et d'un gorre sablonneux. Le site de la source, environné de rochers et de bois, est agreste : il est agréable au printemps, en été et en automne, en raison de l'ombrage ; en hiver, il est des plus tristes.

L'eau de la source minérale sort avec force, donne cinq pouces, et fournit, par minute, soixante-douze pintes; par heure, quinze muids de deux cent quarante-huit pintes ; et dans vingt-quatre heures, trois cent soixante muids, mesure de Paris.

Dans les temps de pluie, il se forme un petit torrent qui vient des collines situées au nord ; il est à sec cinq à six mois de l'année, dans les temps des fortes gelées ou des grandes chaleurs; et, quoique les eaux de pluie s'écoulent par les deux côtés de la levée d'où sort la source des eaux minérales, elles ne se mêlent point avec elle : la preuve en est certaine, puisque la source n'augmente qu'autant que, par suite des grandes pluies, les eaux forment une nappe qui couvre toute la prairie qui est au-dessus de la levée; alors les eaux minérales deviennent blanchâtres, et perdent un peu de leur qualité : mais aussitôt que les eaux de pluie se sont retirées de dessus la prairie, les eaux minérales reprennent leur limpidité et toute leur force, quoique les eaux de pluie continuent à s'écouler par les deux côtés de la levée.

Lorsque je découvris les eaux de Laval, les ronces et les rochers en rendaient l'abord très difficile : toutes les issues ont été rendues faciles et agréables par les soins et aux frais de M. de Laval.

Désirant connaître la nature des eaux que j'avais découvertes, j'ai procédé à leur analyse ; et après avoir consulté les ouvrages des chimistes modernes les plus célèbres, et particulièrement le Dictionnaire de chimie de M. Macquer, les travaux de la Société royale de Médecine, les Œuvres de Bergmann, etc., j'ai fait un grand nombre d'expériences pour les décomposer et analyser. Mais, pour avoir des données plus certaines sur le résultat de mon travail, j'ai recouru aux maîtres de l'art, et je me suis adressé à M. Lanoix, pharmacien de Lyon, démonstrateur en chimie, de la Société d'agriculture; il a bien voulu m'aider de ses lumières. Nous avons répété de concert toutes les expériences que j'avais faites; elles nous ont donné les résultats suivants :

L'eau minérale de Laval, sortant de la source, est très limpide; cependant, en l'examinant dans un verre, on y voit une infinité de particules en mouvement. Elle a un goût de fer et de soufre : en approchant de la source, l'odeur de soufre, ou plutôt de foie de soufre, se fait sentir désagréablement, surtout lors des changements de temps, selon la pression de l'atmosphère; et, dans ce temps, l'odeur de soufre est aussi forte qu'aux bains sulfureux d'Aix en Savoie. L'eau minérale de Charbonnières, battue dans un gobelet bouché avec la main, donne une odeur de soufre qui n'est presque pas supportable.

L'eau de la source est au neuvième degré, suivant le pèse-liqueur de M. Baumé ; et, pendant quatre ans d'observations au thermomètre de M. de Réaumur, j'ai constamment reconnu que, dans les plus grandes chaleurs, le thermomètre, à l'air libre, était au 29e degré: plongé dans la source des eaux minérales, il était au 9e degré; et, dans les fortes gelées, le thermomètre, à l'air libre, était à huit degrés au-dessous de la congélation; plongé dans les eaux minérales, il était à cinq degrés au-dessus: ce qui, ne donnant qu'une variation de quatre degrés, prouve qu'elles ne sont pas fort susceptibles des vicissitudes de l'atmosphère.

Ces eaux doivent être placées dans le nombre des eaux froides; mais elles ne gèlent jamais, et dans les grands froids il en sort beaucoup de vapeurs et de fumée.

La première expérience que j'ai faite (*), était pour m'assurer si les eaux de Laval ne contenaient point de cuivre. J'ai mêlé quelques goutes d'alkali-fluor dans quatre onces d'eau minérale, ce qui a donné une couleur paille ou petit-jaune; le résidu était de même couleur : la présence du cuivre aurait donné une couleur bleue (**).

Dans quatre onces des mêmes eaux, j'ai mis du sel volatil concret, du sel ammoniac, comme le conseille M. Macquer; ce qui a donné aussi une couleur paille ou petit-jaune : autre preuve qu'il n'y a point de cuivre.

J'ai fait bouillir une certaine quantité de ces eaux pendant trois minutes; lorsqu'elles ont été refroidies, j'en ai rempli un gobelet, et y ai mis de la noix de galle, qui n'a point altéré la couleur : ce qui prouve qu'elles sont acidules; qu'elles ne sont point nuisibles, contenant beaucoup de principes volatils, et qu'elles ne sont pas tenues en dissolution par l'acide vitriolique (***).

J'ai mis, dans un gobelet plein d'eau minérale, de la noix de galle, qui, presque à l'instant, a rendu l'eau couleur purpurine; deux minutes après, elle a paru noire: cette couleur s'est conservée jusqu'à siccité. Dans un autre gobelet plein de la même eau, quelques gouttes de sirop de violettes ont produit une couleur verte. L'effet de ces deux réactifs établit évidemment la présence du fer.

L'alkali-volatil-fluor, l'alkali de tartre, l'eau de chaux, mis séparément dans des gobelets pleins d'eau minérale, ont donné chacun une couleur paille ou petit-jaune.

Quelques gouttes de dissolution nitreuse de mercure ont donné, par leur mélange dans l'eau minérale, une couleur blanche, et ont produit un résidu blanc et jaune; le jaune a été produit par l'ocre qui s'est précipité.

Quelques gouttes de dissolution d'argent dans un verre d'eau minérale, ont produit une couleur noire, dans l'espace de trois à quatre minutes.

(*) Toutes les expériences ont été faites près de la source.

(**) Elément de l'Académie de Dijon, et tous les chimistes modernes.

(***) Œuvres de Bergmann, pages 158 et 259.

Quelques gouttes de teinture de tournesol dans une même quantité de ces eaux, ont produit un beau rouge.

Quelques gouttes d'esprit de nitre, d'acide vitriolique, d'esprit de sel marin, mis séparément dans trois verres d'eau minérale, ont rendu l'eau, quoique limpide, d'une limpidité remarquable, et ces réactifs ont occasionné beaucoup de globules blancs.

Je me suis servi de l'appareil inventé par M. Lanoix pour dégager l'air fixe contenu dans les eaux minérales, et j'ai reconnu qu'elles en contenaient un pouce cube par pinte de Paris.

J'ai plongé une cuiller d'argent à la chute des eaux minérales; après l'avoir laissée quelque temps, elle fut noircie. Je l'envoyai à M. Maret, secrétaire perpétuel de l'Académie de Dijon; il me marqua, après l'avoir examinée, que la couleur noire était occasionnée par la précipitation d'une terre martiale, et le développement d'un air inflammable, qui se dégagent de quelques eaux martiales pendant leur décomposition.

J'ai mis daus ma cave, le 27 septembre 1779, cent bouteilles des eaux minérales. Après les avoir conservées pendant trois mois, pour donner le temps au dépôt qui se forme au fond de la bouteille de se reconcentrer dans l'eau, j'en débouchais une tous les huit jours; j'en remplissais un gobelet, et y mettais un peu de la noix de galle : j'obtenais une couleur purpurine, ensuite une couleur noire. Le résultat fut le même, jusqu'au 27 mars 1781 : toute la différence que j'ai remarquée dans les effets des eaux conservées dans ma cave, c'est que, moins elles y avaient resté, plus ils étaient prompts et sensibles.

J'ai rempli six gobelets de lait de femme, de jument, de vache, de chèvre, de brebis et d'ânesse; dans six autres gobelets, j'ai mis moitié de chacun de ces laits, et moitié eau minérale : l'eau minérale n'a causé aucune agitation ni effervescence dans ces différents laits; la crême s'est formée également sur les laits purs et sur les laits mélangés avec l'eau minérale; le lait de brebis a donné le plus de crême, ensuite celui de chèvre; les laits de femme, de jument et de vache en ont donné la même quantité, et le lait d'ânesse en a donné le moins : la crême formée sur les laits purs et les laits mélangés s'est aigrie dans le même temps ; il en a été de même des laits purs ; mais les laits mélangés avec l'eau minérale se sont conservés, sans aigrir, pendant quatre à cinq jours. Lorsqu'on fait bouillir ces différents laits, soit purs, soit mélangés avec l'eau minérale, ils aigrissent en même temps.

Après avoir éprouvé les eaux minérales de Charbonnières par les réactifs, il était indispensable de les analyser par le feu, c'est-à-dire par une douce évaporation.

J'ai mis sur le feu, au bain-marie, douze pintes d'eau de la source, dans une grande terrine de grès; l'évaporation a été conduite à un degré de feu médiocre, de manière que l'eau du bain-marie n'a jamais éprouvé le degré de l'eau bouillante. Lorsqu'elle eut atteint le trentième degré de chaleur de la division de M. de Réaumur, j'aperçus une infinité de globules d'air se dégager de l'eau minérale; dans l'instant la transparence disparut, l'eau se troubla, et il se forma un dépôt de terre jaunâtre. Après avoir poussé l'évaporation jusqu'à près de moitié, je filtrai au travers du papier gris ce qui restait dans la terrine, pour en séparer la terre : l'eau filtrée fut très limpide. Je la remis au bain-marie, pour en continuer l'évaporation. Pendant ce temps, je fis dessécher la terre ocreuse résultante ; je la ramassai avec soin : elle était du poids de douze grains.

L'eau de la terrine, en évaporation, ne laissant plus déposer aucune terre colorée, je la conduisis jusqu'à siccité; je jetai dessus huit onces d'eau distillée, que j'avais mise auparavant en ébullition ; je filtrai le tout très chaudement ; je remis ce qui avait filtré en évaporation dans de petites capsules de verre, ce qui me procura des cristaux soyeux, séléniteux, s'humectant à l'air : la loupe me fit découvrir quelques cristaux cubiques semblables à ceux du sel marin ; la terre qui restait sur le filtre, après l'avoir bien desséchée, était douce au toucher, du poids de dix grains. Pour découvrir la nature de cette terre, j'y versai de l'acide vitriolique ; il se fit de suite une effervescence, ce qui dénote une terre absorbante.

Au commencement de juillet 1783, je mis évaporer à l'air libre deux grandes terrines de grès pleine de ces eaux ; deux mois après, l'eau s'était évaporée d'un tiers. Je vidai les terrines : dans l'endroit où l'eau s'était évaporée, je ne remarquai rien ; mais, sur la surface intérieure des terrines où l'eau avait séjourné jusqu'alors, j'aperçus beaucoup de cristaux, qui disparurent deux ou trois jours après, et se pulvérisèrent, ce qui me fit comprendre que ces cristaux étaient du sel de glauber.

Il résulte, de toute ces expériences, que les eaux de Charbonnières sont froides ; qu'elles contiennent du gaz méphitique ou air fixe, du fer, de la terre absorbante, de la sélénite, du sel marin et du sel glauber, dans les proportions suivantes :

L'eau minérale de Charbonnières, au pèse-liqueur de M. Baumé, est à neuf degrés;

Les douze pintes, mesure de Paris, contiennent :

Air fixe, ...	12 pouces cubes ;
Chaux ferrugineuse, . .	12 grains ;
Terre absorbante, . . .	10 grains ;
Sélénite, sel marin et sel de glauber, ...	64 grains.

M. Carlhant, pharmacien de Lyon, a savamment analysé les eaux de Charbonnières ; son zèle pour tout ce qui tend à soulager l'humanité lui a fait publier, en 1791, les procédés qu'il a employés pour en connaître la composition. On verra, par l'extrait suivant de son analyse desdites eaux (*pages 22 et suivantes*), que ce chimiste a reconnu dans les eaux minérales de Charbonnières les mêmes principes et les mêmes effets que j'avais découverts.

M. Carlhant s'exprime en ces termes :

« L'eau de Charbonnières se trouve minéralisée par des

« substances de différente nature. Premièrement, le gaz « hépatique qui s'en évapore très facilement, surtout « lorsque cette eau est exposée à l'air et à la chaleur, « produit toutes les altérations qu'elle éprouve; seconde-« ment, le précipité que l'on observe dans l'eau de Char-« bonnières, lorsquelle est exposée à l'air libre, et qui n'y « était soluble qu'à la faveur du gaz hépatique, est un « composé de chaux de fer, de soufre, d'une petite por-« tion de craie; troisièmement, les matières salines qui « restent dissoutes dans l'eau, tandis que les précédentes « s'en séparent, d'abord les moins solubles, qui se dé-« posent les premières par l'évaporation, sont la sélénite, « la craie tenue en dissolution à la faveur du gaz hépa-« tique, lequel est de la nature de celui dont il est parlé « dans la note de M. Fourcroy (*page* 4), ensuite le sel « marin à base de magnésie.

« Déterminer la quantité de chaque principe contenu « dans l'eau de Charbonnières, est un objet bien difficile « à remplir; cependant, d'après les expériences décrites « ci-dessus, je crois pouvoir donner un aperçu autant « précis qu'il est possible.

« J'ai dit que le gaz hépatique contenu dans les eaux « de Charbonnières, était, d'après les observations de « M. Fourcroy, le résultat de la dissolution de soufre « dans l'acide crayeux: la propriété d'éteindre la lumière « le confirme. Il me reste donc, pour rendre l'analyse « plus complète, à déterminer la quantité de gaz acide « crayeux qui y est contenue. D'après le sentiment des « chimistes modernes, on sait qu'il faut, à peu de chose « près, un poids de cet acide égal à celui des terres pour « les rendre dissolubles: ainsi nous calculerons le poids « de l'acide crayeux d'après celui de la craie, ce qui « nous formera une donnée aussi exacte que l'on puisse « se la procurer.

Poids des substances qui minéralisent les eaux de Charbonnières.

« Chaque pinte d'eau de Charbonnières contient, en « faisant la division d'un grain en soixante parties :

« Chaux de fer, ...	un grain et un sixième ;
« Sélénite , ...	un trente-deuxième de grain ;
« Craie, ...	un grain et un quart de grain ;
« Sel marin à base « d'alkali-minéral ,	un vingt-cinquième de grain ;
« Matière extractive « colorante , . . .	un cinquième de grain ;
« Acide crayeux , . .	un grain et un quart de grain ;
« Soufre , ...	deux grains ;
« Caz hépatique , . .	huit pouces cubiques.

Propriétés.

« L'eau minérale de Charbonnières présente donc à l'art « de guérir, d'après cette analyse, des ressources dans « un grand nombre de maladies. Elle jouit de toutes les « propriétés qui appartiennent aux eaux sulfureuses ; elle « réunit encore celles des eaux martiales. Elle contient « autant de fer en dissolution que les eaux de Pyrmont, « de Spa, de Pougues ; elle contient en outre divers prin- « cipes salins. L'expérience et le rapport des différentes « personnes qui en ont fait usage, ont fait voir qu'elle « était avantageuse dans le cas d'atonie et d'inertie des « fibres. Elle a été employée avec succès pour la guérison « des pâles couleurs, pour rétablir les règles diminuées « ou supprimées. Elle est singulièrement avantageuse « dans les affections cutanées ; elle ne pourrait que con- « venir dans la paralysie. Je l'ai vue produire d'heureux « effets dans les tumeurs de nature froide. Plusieurs per- « sonnes attaquées de fièvres périodiques se sont trou- « vées guéries par son usage ; elle a même guéri d'an- « ciennes maladies vénériennes qui avaient échoué au « mercure. Elle convient dans les dépôts de lait. Dans « tous les cas, cependant, j'invite les personnes qui vou- « draient en faire usage à consulter les gens de l'art. « Il est d'ailleurs un nombre de circonstances où elle « pourrait devenir nuisible, si elle était prise inconsidé- « rément. Ce n'est point un remède assez simple ; fût-il « plus simple même, il n'en est point dont l'usage con- « tinué ne nuise, s'il n'est administré à propos. »

« Ces expériences ont été répétées, en l'an VI, par « M. Deschamps, pharmacien de Lyon ; elles ont donné « les mêmes résultats, ce qui prouve que ces eaux con- « servent dans leur intégrité tous les principes dont elles « sont composées. »

Le gaz hépatique qui rend solubles plusieurs des substances ou principes qui composent l'eau minérale de Charbonnières, étant excessivement volatil, elle tend à sa décomposition aussitôt qu'elle sort de sa source et qu'elle est exposée à l'air libre. Cette décomposition s'opère plus ou moins promptement, selon la température de l'atmosphère ; dans les grandes chaleurs, elle est totalement décomposée en peu d'heures, ce qui nécessite de la boire à la source. Il est facile de se convaincre de la promptitude de sa décomposition en examinant le dedans du tabouret et les alentours de la fontaine : on y voit que cette eau, extrêmement limpide, forme un sédiment ou dépôt ocreux, même dans des endroits où elle passe avec rapidité.

L'eau de la source se trouble quelquefois subitement, et charrie une terre ocreuse qui lui donne une couleur jaune : deux ou trois minutes après, elle reprend toute sa limpidité. Je crois avoir remarqué que ce changement qu'elle éprouve, annonce le vent du sud ou sud-ouest.

Cette eau, mise dans des bouteilles bien bouchées et goudronnées, forme aussi le même sédiment ; en très peu de temps il se dépose au fond de la bouteille, et ressemble à de la filasse lorsqu'on l'incline, tandis que l'eau de la partie supérieure est très limpide.

L'eau minérale, ainsi décomposée, ne produit aucun effet, et les réactifs ne lui font aucune impression ; mais lorsqu'elle est mise dans des bouteilles dont les bouchons ont été bien goudronnés, et qu'elle est conservée dans une cave 60 ou 80 jours, l'eau devient aussi limpide que si l'on venait de la prendre à la source ; si on la soumet aux mêmes expériences, elle donne les mêmes résultats, avec la seule différence que les effets en sont moins prompts. L'eau ainsi conservée, que l'on expose de nouveau à l'air libre, se décompose encore, et n'a plus aucune vertu.

Pour conserver les eaux minérales de Charbonnières, il faut choisir un jour serein où le vent du nord règne; avoir des bouteilles fortes, bien propres, les emplir avant le lever du soleil, les boucher de suite avec des bouchons de liége neufs, et les goudronner sur-le-champ. Toutes ces précautions devraient conserver les eaux renfermées dans les bouteilles dans un degré commun entre elles; cependant ceux qui voudront observer les effets de la décomposition de l'eau, et de la concentration du dépôt qu'elles ont formé, seront étonnés de voir que des eaux prises à la source au même instant, et conservées avec les mêmes soins, produisent des effets différents, soit dans la promptitude de leur décomposition, soit dans la masse du sédiment qu'elles forment, soit enfin dans la concentration du dépôt qui s'opère plus ou moins lentement; mais, une fois que l'eau a repris sa première limpidité, les effets qu'elle produit sont complètement les mêmes.

Les eaux minérales de Charbonnières, ainsi conservées, ont opéré, par leur boisson, des cures très remarquables; cependant je conseille de les boire à la source : elles agissent plus efficacement, et passent beaucoup mieux, soit par les urines, soit par la transpiration. D'ailleurs, l'air pur que l'on respire à la campagne, et l'exercice que l'on y prend, produisent des effets salutaires. J'invite ceux qui ne peuvent pas se rendre à la source, à boire de l'eau minérale conservée assez longtemps pour que le dépôt soit bien reconcentré, plutôt que de se la faire apporter tous les jours, à moins que l'on ne prenne assez de précautions pour qu'elle conserve, depuis l'instant qu'on la prend à la source jusqu'à celui où on la boit, la même fraîcheur qu'elle a en sortant de la terre, ce qui est bien difficile.

Les eaux minérales de Charbonnières doivent être considérées comme les seules eaux minérales de cette qualité en Europe. J'ai lu toutes les analyses que j'ai pu découvrir ; j'ai consulté des personnes instruites, qui m'ont assuré qu'aucune eau minérale ne présente le phénomène de celles de Charbonnières, qui est : que ces eaux, troublées et corrompues, reprennent, deux mois après, leur limpidité, leur goût martial et sulfureux, ne laissant aucun dépôt dans les bouteilles. Les seules eaux de *Dunse*, en *Écosse*, présentent le même phénomène ; mais il faut remarquer que les eaux de *Dunse*, suivant l'analyse qu'en a faite le célèbre M. Home, ont quatre ou cinq degrés de chaleur de plus que les eaux communes. Les eaux de Charbonnières sont très froides ; il y a même peu de sources dans le pays dont les eaux soient aussi fraîches. Aussi voit-on les habitants de cette commune en boire avec plaisir pour calmer la chaleur qu'ils éprouvent, soit par leurs travaux pénibles, soit à la suite de leurs danses champêtres.

Les animaux boivent avec répugnance de ces eaux, la première fois qu'on leur en présente ; cependant elles leur sont très salutaires : les faits suivants le prouvent.

En 1773, il se déclara une épizootie qui ravagea plusieurs provinces de France ; elle s'étendit, au mois d'août de ladite année, dans les environs de Lyon. Le nombre des bœufs et vaches, dans le canton de Charbonnières, était de cent vingt-trois. Cent douze furent attaqués de l'épizootie ; sept guérirent, cent cinq périrent : les onze autres, qui étaient au moulin de Laval, près de la source minérale, et qui n'ont eu d'autre eau pour boire, furent préservés de l'épizootie ; cependant le nommé Dumas, alors meûnier dudit moulin, continuant de voiturer des fagots chez plusieurs boulangers de St-Just, passait journellement près du dépôt des bêtes malades, que l'on avait établi près la porte de Lyon.

En 1788, le directeur des diligences de Lyon à Paris envoyait, tous les matins, des chevaux attaqués du farcin; on les forçait à boire les eaux minérales, en les privant de toute autre boisson : ces chevaux guérirent. Je citerai aussi un âne appartenant à Mme Duplâtre, d'Ecully, qui, par la boisson de ces eaux, a été guéri d'un dépôt considérable d'humeur dans une oreille.

Les médecins conseillent ordinairement de boire les eaux minérales une heure après le lever du soleil; je crois qu'il faut boire plus tard celles de Charbonnières, parce qu'elles sont situées dans un vallon environné de bois et de monticules, où la rosée n'est pas si tôt levée. Les personnes qui boivent les eaux doivent éviter le serein; lorsqu'elles s'y exposent, elles sont assurées d'avoir la nuit suivante un sommeil interrompu.

Je conseille à ceux qui veulent boire les eaux minérales de Charbonnières de consulter si ces eaux leur seront utiles, et s'ils sont dans le cas de les continuer, parce qu'elles remuent les humeurs et pourraient occasionner des maladies dangereuses si l'on cessait trop promptement de les boire.

On boit ces eaux ordinairement dans la belle saison, pendant quarante jours, et quelquefois plus, suivant la gravité du mal; on les prend à la dose de deux à quatre pintes, le matin, à jeun; on en boit aussi le soir, sur les quatre à cinq heures. Il faut se promener autant qu'on le peut, et mettre un quart-d'heure d'intervalle entre la boisson de chaque verrée. Les personnes qui boivent de ces eaux à leurs repas s'en trouvent bien, parce qu'elles se digèrent avec les aliments, et passent dans la masse du sang qu'elles purifient. On commence par deux, quatre ou six verrées, suivant le tempérament et la force du malade. On doit user de ces eaux avec modération: l'excès pourrait être nuisible, par l'effervescence qu'elle donne au sang en le purifiant. Il est essentiel d'observer un régime très exact, d'éviter tout excès, de ne manger aucune crudité, salé, pâtisserie froide et de difficile digestion: fromage, surtout celui de chèvre. Il faut aussi se garantir du serein, dont l'effet est des plus pernicieux; éviter l'humidité, s'interdire l'usage des bains froids; ne pas se laver les mains, le visage dans l'eau de la fontaine, à cause de sa fraîcheur; enfin, il faut éviter tout ce qui peut arrêter la transpiration sensible ou insensible occasionnée par l'effet des eaux minérales. Ce régime doit être suivi, même longtemps après avoir cessé de boire

les eaux, parce qu'elles agissent pendant longtemps. Si l'on n'observe pas ce que je prescris, bien loin d'être soulagé, on s'exposerait à des maladies mortelles.

Dans les affections nerveuses, et pour des estomacs trop délabrés, on peut modérer avec succès l'activité de ces eaux, en y mêlant du lait de vache ou d'ânesse, ou de l'eau de poulet.

Les eaux de Charbonnières font différents effets à ceux qui les boivent, soit qu'ils aient les symptômes d'une même maladie, soit qu'ils soient atteints d'une maladie différente.

Pendant les premiers jours, elles occasionnent assez généralement des rapports d'estomac qui ont un goût d'œufs couvés ou de poudre à canon ; elles facilitent l'expectoration et occasionnent quelquefois un léger vomissement, surtout lorsque l'estomac est plein d'humeurs. Elles constipent ou dévoient, suivant la constitution du malade, et elles font quelquefois l'effet d'un fort purgatif.

Le plus grand nombre de ceux qui boivent les eaux de Charbonnières les rendent par les urines une demi-heure ou une heure après les avoir bues; d'autres ne les rendent que la nuit suivante; d'autres, enfin, n'en rendent presque point : alors elles passent par la transpiration, ce qui contribue à accélérer la guérison de certaines maladies, principalement celles de la peau. Il arrive quelquefois que l'on a la tête pesante et que l'on paraît ivre : cet état ne dure que deux à trois minutes, et ne provient que de ce qu'on ne met pas assez d'intervalle entre chaque verrée d'eau que l'on boit. Ces eaux occasionnent souvent de légères démangeaisons, et quelquefois une éruption de petits boutons, qui se terminent par une transpiration imperceptible, ce qui pronostique une parfaite guérison.

Les eaux occasionnent souvent, à ceux qui les boivent, un malaise, et quelquefois une révolution dans l'intérieur du corps, qui fait beaucoup souffrir et qui est presque toujours suivie d'une grande évacuation, surtout dans les maladies internes, telles que les obstructions, dépôts de lait, embarras dans l'estomac, le foie, les intestins, la vessie, etc. La révolution finie, le malade guérit ou est infiniment soulagé. Dans les maladies invétérées, ces révolutions se renouvellent plusieurs fois avant la parfaite guérison, dont elles sont les avant-coureurs.

Il est bien important, lorsque les eaux commencent à agir, et que le malade éprouve des douleurs dans la partie locale de la maladie, ou un malaise général dans le corps, de ne pas cesser de les boire; ce doit être, au contraire, un grand encouragement à les continuer, puisque, je le répète, c'est un signe certain qu'elles produiront un bon effet. J'ai vu résulter des accidents très fâcheux à des personnes qui, ressentant quelques incommodités pendant les premiers jours où elles les buvaient, ont cessé trop précipitamment d'en faire usage.

J'observe à ceux qui sont atteints de maladies cutanées, qu'ils ne doivent point être étonnés si, après avoir vu guérir leurs dartres pendant les premiers jours qu'ils boivent les eaux, il se fait une nouvelle éruption : c'est un effet nécessaire des eaux, qui est indispensable pour la guérison radicale de ces sortes de maladies.

Les eaux de Charbonnières sont ferrugineuses et sulfureuses : ces deux principes se trouvant réunis, forment un véritable œthiops martial et purifient le sang. Elles le font circuler librement, en le nettoyant de son acrimonie et impureté; elles pénètrent dans toutes les parties du corps et sont excellentes dans toutes les maladies où il est question de délayer, inciser, atténuer des humeurs visqueuses, tenaces; déterger, nettoyer l'estomac et les intestins; fondre et résoudre des humeurs trop épaisses, qui embarrassent les tuyaux tortueux des glandes. Plusieurs personnes, qui ne pouvaient supporter la moindre nourriture, même le bouillon le moins nourrissant, et qui ne pouvaient ni marcher ni se soutenir, ont été guéries par la boisson de ces eaux.

Pour boire les eaux minérales de Charbonnières avec succès, il faut consulter les gens de l'art. Il en est beaucoup qui, les ayant ordonnées à leurs malades, en ont suivi les effets. Ils prescriront, soit la quantité qu'il en faut boire, soit le régime que le malade doit tenir. Lorsque ces eaux resserrent, on peut prendre des lavements émollients.

J'exhorte ceux qui veulent boire les eaux de Charbonnières à ne pas attendre que la maladie soit invétérée. Il faut les boire avant que d'être à l'extrémité, afin que les eaux, qui agissent quelquefois longuement, aient le temps de faire leur effet, et que le malade ait la force de supporter les révolutions qui sont nécessaires pour détruire les causes d'une maladie ancienne. Il faut donc examiner si ceux qui doivent les boire sont dans la situation de les soutenir, soit par l'âge, soit par la faiblesse du tempérament.

J'ai déjà dit qu'il faut user de ces eaux avec modération, et que lorsqu'on les boit il est très essentiel de se garantir du serein, d'éviter de se laver les mains dans l'eau de la fontaine et de prendre des bains froids : la fraîcheur (*) de l'eau répercuterait l'humeur qui sort par une légère transpiration, qui purifie le sang, et l'éruption que les eaux minérales occasionnent serait répercutée, ce qui peut avoir un effet mortel, ou au moins très dangereux.

Les malades atteints de dartres ou autres maladies de la peau peuvent prendre des bains chauds : ils contribuent à faciliter la transpiration. Il ne faut faire aucune application répercussive sur les dartres ; elles nuiraient à la guérison.

Je conseille aux malades qui auront bu les eaux de Charbonnières assez longtemps (30, 40 ou 60 jours) pour pouvoir espérer leur guérison, de ne faire aucun remède lorsqu'ils auront cessé de les boire ; ils doivent en attendre patiemment les effets, parce qu'elles agissent quelquefois pendant plus de six mois après avoir cessé de les boire. Il faut, pendant ce temps, se tenir au régime dont j'ai parlé; sans cela, point de guérison.

La publicité que les eaux minérales de Charbonnières ont obtenue, la réputation qu'elles ont méritée par le

(*) J'insiste fortement sur cette observation.

succès qu'elles ont eu opérant des cures importantes, je peux même dire extraordinaires, sont pour moi une jouissance que je ne peux exprimer : heureux d'avoir pu contribuer, par ma découverte, au soulagement de l'humanité, et offrir à mes concitoyens un remède sûr pour rétablir leur santé!

Les eaux de Charbonnières sont tellement connues, que je pourrais me dispenser de faire connaître les attestations des guérisons qu'elles ont faites; mais comme il est des personnes qui veulent qu'on leur cite des faits, je joins à cette analyse quelques certificats qui ne laisseront aucun doute, même aux plus incrédules.

CERTIFICATS DE GUÉRISON.

Je soussigné, docteur en médecine de l'université de Montpellier, agrégé au collége de médecine de Lyon, y demeurant, place du Change, certifie que les eaux de Charbonnières, prises en boisson à la dose de six verres, le matin, à jeun, m'ont fourni un remède agréable, prompt et efficace contre une jaunisse ou ictère universel, affection hépatique, que j'ai éprouvée, pour la seconde fois, en février 1784. A Lyon, le 7 avril de la présente année. RICHARD, *docteur-médecin.*

Nous soussigné, curé d'Écully-lès-Lyon, certifions que Magdeleine Boutin, femme Bador, atteinte d'un rhumatisme goutteux, qui lui avait saisi les mains et jointure d'icelles, avec enflure considérable, et l'avait mise hors d'état d'ouvrir les doigts et se porter la nourriture à la bouche, a été entièrement guérie par l'usage qu'elle a fait en boisson des eaux minérales de Charbonnière, dans les mois de juin et juillet 1783. Fait audit Ecully, ce 12 avril 1784. GENEVEY, *curé d'Ecully.*

Je certifie avoir ordonné à M. Pari, de Limonest, pour une maladie dartreuse, avec ulcères aux deux jambes, les eaux de Charbonnières, qu'il a prises pendant août et septembre 1781. Sa maladie a disparu sans retour, à l'exception d'un cautère que je lui ai fait à la jambe droite. Lyon, le 27 avril 1784.

Dumas, *maître en chirurgie.*

Je certifie avoir fait prendre les eaux de Charbonnières au nommé Lemineur, de La Tour, pendant vingt-quatre jours, en janvier 1784. Ces eaux ont fait un effet si surprenant, que cet homme, qui était perclus de ses deux bras, au point de ne pouvoir se donner à manger, en fait maintenant usage comme s'il n'eût jamais été malade. Lyon, le 27 avril 1784. Dumas, *maître en chirurgie.*

Je certifie avoir fait prendre les eaux de Charbonnières à Thérèse Bel, fille d'Antoine Bel, de l'Arbresle, pendant six semaines, en juin et juillet 1781, pour une maladie dartreuse, ressemblante à une lèpre, tenant tout le corps. J'ai vu avec plaisir disparaître la maladie sans retour. Lyon, le 27 avril 1784.

Dumas, *maître en chirurgie.*

Je soussigné, chirurgien gradué, professeur en cette ville, certifie qu'ayant conseillé les eaux minérales de Charbonnières à plusieurs personnes attaquées de fièvres intermittentes et autres très rebelles, dans des cas de dartres sèches et autres maladies de la peau, d'ardeurs d'urine causées par le passage de petits graviers, tous ces malades ont été guéris radicalement par le seul usage de ces eaux, sans avoir ressenti ni maux de tête, ni autres accidents.

Les eaux de Charbonnières purgent rarement, ou très doucement; elles ne pèsent point sur l'estomac, elles augmentent, au contraire, son ressort; elles passent par la voie des urines ou de l'insensible transpiration. Leur qualité aérienne et ferrugineuse les rendent encore très propres à détruire les obstructions naissantes, à faire couler la bile, et à guérir l'ictère ou jaunisse. La faculté de se procurer ces eaux, de les boire à leur source, est un avantage bien précieux pour les malades. Lyon, le 8 mai 1784. Collomb, *professeur.*

En 1779, la sœur Alizon, de la communauté de Saint-

Charles, âgée de 27 ans, est jugée avoir les glandes de l'estomac et du mésentère obstruées, vomissant et ne pouvant rien digérer, malgré les remèdes les mieux administrés; je lui fais prendre les eaux de Vichi sans succès; je lui fais boire par jour une bouteille des eaux de Charbonnières: six jours après, elle vomit moins fréquemment. J'augmente peu à peu la dose jusqu'à trois bouteilles par jour, pendant l'espace de deux mois; elle guérit radicalement, ce que je certifie. Lyon, le 28 avril 1784.

DIVOIRY, *maître en chirurgie.*

La femme de M. Goutier, de Vaise, âgée de 26 ans, a été guérie d'une jaunisse opiniâtre, avec douleur à la région hépatique ou du foie, par l'usage des eaux de Charbonnières, à la dose de deux bouteilles par jour.

Mme Moulin, de Tassin, éprouve, en 1779, des maux d'estomac et des vomissements; elle perd sa fraîcheur, son embonpoint, et n'est soulagée par aucun remède. Je lui fais boire, par jour, une bouteille d'eau de Charbonnières: elle guérit et jouit d'une bonne santé, ce que je certifie véritable. Lyon, le 28 avril 1784.

DIVOIRY, *maître en chirurgie.*

Extrait d'une lettre de M. de la Tourette, secrétaire perpétuel de l'Académie de Lyon, correspondant des Académies des sciences de Paris, etc., à M. Marsonnat, curé de Charbonnières.

De Lyon, le 5 mai 1784.

« J'ai été un des premiers à reconnaître l'efficacité des eaux de Charbonnières, par mon expérience. En l'année 1778, je fus en proie à une fièvre nervale quotidienne, que les purgatifs et les fébrifuges ne firent qu'irriter. Elle se prolongea dans l'hiver de 1779; et j'en étais fatigué depuis neuf ou dix mois, lorsque j'entendis parler des eaux de *Laval.* J'engageai M. Gavinet, mon confrère à l'Académie, pharmacien-chimiste très distingué en cette ville, à en faire avec moi l'analyse. Elle nous présenta, à peu de différence près dans les proportions, les mêmes principes que vous avez obtenus avec M. Lanoix : cette conformité augmente la confiance due à l'une et à l'autre analyse.

« J'envoyai nos résultats à M. Tronchin. Ce célèbre praticien, qui se proposait de m'envoyer à Spa, n'hésita pas de me conseiller les eaux de Laval, dès qu'il les connut.

« Je commençai l'usage de ces eaux à la fin de mai ; je ne les fis précéder d'aucuns purgatifs, auxquels j'avais renoncé depuis huit mois. Le douzième jour, la fièvre, graduellement atténuée, se dissipa ; et, au bout de vingt jours, tout ressentiment cessa : les digestions se rétablirent, je sentis le bien-être, et il fut confirmé par l'usage que je fis des mêmes eaux l'automne d'après ; et quoique la ville de Lyon, toute la France même, fussent à cette époque infestées de fièvres intermittentes, je n'en eus aucun ressentiment, etc. »

La Tourette.

Lettre de M. l'abbé de Rully au curé de Tassin.

Paris, le 15 décembre 1784.

« Je souhaite, Monsieur, que les eaux de Charbonnières guérissent autant de malades qu'elles m'ont fait rendre de sable et de graviers, au mois de septembre 1779 ; leur propriété salutaire soulagerait l'humanité. »

L'abbé de Rully.

Je soussigné certifie qu'en 1778, 1779 et 1780, j'ai eu des douleurs de goutte aux pieds, qui duraient quinze jours ou trois semaines ; qu'en 1781 je bus les eaux de Charbonnières à la source pendant huit jours, lesquelles m'occasionnèrent une forte révolution : depuis ce temps je les bois au printemps et en automne pendant une douzaine de jours, et je n'ai eu aucune vive douleur de goutte ; ce que je certifie.

Matthieu, *propriétaire à Charbonnières.*

Je soussigné déclare que, d'après mes conseils, une demoiselle, atteinte de plusieurs dartres croûteuses en différentes parties de son corps, a bu les eaux de Charbonnières à la source pendant cinq semaines, et qu'elle a été radicalement guérie.

Je déclare, de plus, que dans le mois d'août 1784 j'avais des obstructions dans les viscères du bas-ventre, à la suite d'une fièvre tierce que j'avais supportée cinq mois; que je bus les eaux de Charbonnières à la source; que, depuis ce temps, je jouis d'une parfaite santé. A Lyon, le 22 mars 1785. ARNASSANT, *maître en chirurgie.*

Nous certifions que la nommée Anne Delorme, notre paroissienne, étant dans un état languissant, tendant à l'étisie, attaquée d'une jaunisse des plus remarquables, a bu les eaux de Charbonnières pendant un mois, et a été radicalement guérie de tous ses maux. A Saint-Irénée de Lyon, ce 1er août 1785.

LEPOIVRE, *prieur-curé de St-Irénée de Lyon.*

Je soussigné déclare avoir été malade par les fièvres pendant seize mois; j'ai fait usage de remèdes, sans avoir obtenu aucune guérison. Réduit à l'extrémité, ayant une enflure excessive qui me tenait toutes les parties du corps, je suis allé à Charbonnières, dans le mois d'octobre 1785, boire les eaux minérales pendant quinze jours, lesquelles m'ont radicalement guéri. Lyon, 6 novembre 1785.

Pierre LAFARGE, *natif et habitant de Mâcon.*

Je soussigné, professeur au collége de chirurgie, de l'Académie des sciences, etc., de Lyon, certifie que dix malades attaqués de fièvres intermittentes, dans les mois de juin et juillet 1789, dont quelques-unes étaient survenues après des fièvres pernicieuses; la plupart ayant résisté au régime le plus exact, ainsi qu'à l'usage de différents fébrifuges : ces malades avaient le visage bouffi; ils étaient faibles, décolorés; ils étaient privés du sommeil et de l'appétit; deux avaient encore des dartres humides et croûteuses sur les paupières, sur le menton, et des engorgements œdémateux aux jambes.

Ces différents malades, après avoir pris, pendant l'espace de quinze jours, tous les matins à jeun, dix à douze verrées d'eau à la source minérale de Charbonnières, d'environ quatre onces chacune, ont éprouvé un soulagement sensible dans leurs maux; leurs fièvres et leurs dartres ont disparu; le sommeil, l'appétit et leurs forces sont revenues; et, après un mois de l'usage de ces eaux, tous ont été radicalement guéris; ce que j'atteste véritable. Lyon, ce 20 avril 1786.

COLLOMB, *professeur*.

Je soussigné, maître en chirurgie, certifie qu'une demoiselle de cette ville, âgée de vingt-un ans, d'un tempérament flegmatique et d'une constitution délicate, fut menstruée à seize ans, et jouit de cette évacuation périodique pendant trois ans. Elle essuya ensuite pendant cinq mois une fièvre dont le caractère était tierce; elle fut privée d'évacuation, et eut une santé chancelante. Le traitement ordonné pour rétablir la période en défaut, fut sans succès. Dans le printemps de 1786, je lui ordonnai les eaux de Charbonnières. Après l'usage desdites eaux pendant l'espace de trois semaines, les évacuations se firent comme auparavant: elle continua à en faire usage jusqu'à la seconde menstruation, qui se fit trois semaines après, et sa santé fut parfaitement rétablie. A Lyon, le 16 juillet 1787. BENOIT.

Je soussignée Françoise Decout, femme Matton, âgée de quarante ans, certifie avoir eu un dépôt de lait depuis 1784. Je vomissais presque continuellement, ne pouvant soutenir la plus légère nourriture, ayant des douleurs depuis le haut de la tête jusqu'à l'extrémité des pieds, mon corps plein de boutons et de pustules; mes cheveux tombèrent. J'ai fait, jusqu'au mois de mai 1786, tous les remèdes ordonnés par les gens de l'art, sans aucun succès. J'ai bu les eaux de Charbonnières pendant deux mois, soit en y séjournant, soit en y allant tous les jours. J'eus, pendant ce temps, plusieurs révolutions; je vomissais, j'évacuais du lait tout pur: le lait qui sortait presque continuellement par mes deux oreilles, infectait d'une odeur très puante; les boutons et pustules éclatèrent dans tout mon corps, la peau tomba en écailles, et se renouvela. Après que j'eus bu les eaux pendant quelques jours, la nourriture que je prenais ne m'incommoda plus; les vomissements et les maux d'estomac cessèrent, et, dans le mois de septembre 1786, je fus parfaitement guérie. Dans le temps que je buvais les eaux, j'ignorais que j'étais enceinte : mon enfant, bien loin d'en être incommodé, est venu au monde bien constitué et se porte bien. Je certifie l'énoncé ci-dessus sincère et véritable. Lyon, le 1er septembre 1787.

Françoise DECOUT, *femme* MATTON.

Huberte-Marie, femme Soleymart, de Lyon, âgée de quarante-six ans, s'est mariée à dix-neuf ans, a fait vingt-deux enfants. Elle déclare que depuis douze ans elle a eu un dépôt de lait qui lui occasionnait des douleurs vives, soit dans la tête, soit dans les deux côtés; que, depuis huit ans, elle a fait huit enfants; mais sa maladie augmentant toujours, elle a fait sans succès plusieurs remèdes par ordonnance de médecin; qu'elle est même restée onze jours à l'hôpital, sans y trouver aucun soulagement; que, le 7 août 1787, elle fut à Charbonnières, où elle but les eaux pendant vingt jours, ce qui lui occasionna dans les premiers jours une forte révolution, suivie d'une grande évacuation : il se forma un abcès dans la bouche; elle cracha du sang corrompu et du pus pendant trois semaines; elle a continué de boire les eaux, et a été radicalement guérie. Certifié véritable, le 18 septembre 1787. G. SOLEYMART.

Je soussigné certifie que, dans le courant de juin, un jeune homme d'une constitution flegmatique, fut atteint d'un ictère très formé, suite d'une gonorrhée dont l'écoulement avait été arrêté par le baume de copahu et l'eau végéto-minérale. Peu après, la jaunisse parut, avec des douleurs dans l'hypocondore droit. J'employai sans succès toutes sortes de moyens pour renouveler l'écoulement. Je lui conseillai les eaux de Charbonnières : le sixième jour, l'écoulement par l'urètre parut. J'insistai sur la continuation de ces eaux, dont il buvait six pintes par jour.

Au bout de huit jours, je le purgeai, et la maladie cessa incontinent sans retour. Lyon, le 19 janvier 1786.

PERRONNET, *professeur au collége de chirurgie de cette ville.*

Je soussigné, docteur en médecine de l'université de Montpellier, professeur agrégé au collége de médecine de Lyon, certifie que Mlle Jeanne-Marie Collenot souffrait des douleurs d'estomac depuis une année, et depuis le même temps elle sentait des embarras à la région des flancs du côté droit: elle était jaune; que, dans l'automne de 1785, elle alla à Charbonnières pour y faire usage des eaux; qu'elle en fut sensiblement soulagée; qu'au printemps de 1786 elle y retourna, et en éprouva le meilleur effet; qu'enfin elle y passa une partie du printemps et de l'été de 1787, et qu'elle en est revenue parfaitement guérie, jouissant actuellement de la meilleure santé possible. Lyon, le 29 octobre 1787.

BRAC, *docteur-médecin.*

Je soussigné certifie que, depuis plusieurs années, j'avais des obstructions au foie, à la rate et dans tout l'intérieur du ventre, ce qui m'ôtait jusqu'à la faculté de marcher. J'ai été dans cet état à Charbonnières, au mois d'avril 1789, et j'ai bu les eaux minérales pendant un mois et demi. Elles m'ont occasionné de si fortes révolutions suivies d'évacuations, qu'elles m'ont fait rendre par les selles une humeur coagulée ressemblante à de la corne, et qui en avait presque la consistance. L'usage de ces eaux, et le régime que j'ai observé, m'ont guéri radicalement. Lyon, le 8 octobre 1789.

NOÉ, *carme déchaussé.*

Je déclare et certifie que je souffrais, depuis longues années, des douleurs excessives dans la vessie; que j'ai employé pour les tempérer tous les remèdes qui m'ont été prescrits, mais que le mal allait toujours croissant. Je me décidai à boire les eaux de Charbonnières, qui m'ont fait évacuer un nombre prodigieux de graviers, dont un, qui me fit souffrir des douleurs horribles, était de la grosseur d'une fève allongée. J'ai bu les eaux pendant les mois de juin et juillet 1791, et n'ai plus ressenti de douleurs. Lyon, le 8 mai 1792.

Barthélemi N***

Atteint d'un érysipèle dartreux qui s'était jeté sur les deux jambes et la cuisse droite, j'ai fait sans succès tous les remèdes qui m'ont été prescrits. Toutes les personnes qui ont eu connaissance de l'état où je me trouvais réduit ont été, ainsi que moi, étonnées que l'usage seul des eaux de Charbonnières m'ait rendu la bonne santé dont je jouis maintenant; ce que je certifie véritable. Lyon, le 10 mai 1795. C.***

L'usage des eaux de Charbonnières a fait faire à madame Ratigin, de Tarare, une pierre de la grosseur d'un gland de chêne, avec plusieurs petits graviers.

M. Chamboce, de Châtillon, a été guéri d'une obstruction de poitrine, par la seule boisson des eaux de Charbonnières.

Mme Tourni, de Châtillon-sur-Chalaronne, département de l'Ain, a été guérie d'une dartre lépreuse, en buvant les eaux minérales de Charbonnières.

Mme Matagra, de Tarare, a évacué des graviers et une pierre, qui lui occasionnaient de fortes douleurs; la seule boisson des eaux de Charbonnières l'a guérie.

Je dois au public, et encore plus à l'humanité souffrante, des détails sur l'affreuse maladie qui m'a tourmenté pendant trois ans, et sur les remèdes que j'ai employé, pour la guérir.

Cette maladie date de 1795.

Il me survint, à cette époque, de petits feux par tout le corps, qui toutes les années, à l'entrée du printemps, m'occasionnaient de très fortes démangeaisons, et ce ne fut qu'au mois de mars 1799 qu'ils dégénérèrent en plus de malignité; car à cette même époque, étant à Genève, il parut, outre ces feux, un bouton suppurant sur mon jarret gauche, qui fut traité par les médecins de cette ville avec des applications adoucissantes et cicatrisantes, mais sans aucun succès. De retour à Lyon vers le mois de mai suivant, ce bouton avait déjà couvert la moitié du gras de jambe, et avait même gagné, mais légèrement, les autres parties du corps, avec le caractère d'une dartre miliaire et croûteuse, de très mauvaise nature.

Alors je n'hésitai plus d'avoir recours aux gens de l'art, qui alternativement ont employé pour ma guérison les remèdes les plus violents : d'abord ce fut les pilules de ciguë, que j'ai prises pendant trois mois; ensuite un sirop composé par les Sœurs pharmaciennes de Fontaines, qui devait me procurer un corps neuf, parce qu'il valait 9 fr. la chopine, et j'en ai encore bu pendant trois mois; successivement, ce fut un vin végéto-minéral, où le goudron dominait, dont encore j'ai fait usage pendant trois mois; j'ai bu vingt-sept bouteilles de la tisane de sels; enfin, j'ai terminé cette série de remèdes par le sirop composé des quatre bois sudorifiques combinés avec les préparations mercurielles. Je ne parle ici que des remèdes les plus connus contre les dartres; mais tous, bien loin de m'avoir soulagé, n'ont fait au contraire qu'irriter mon mal.

Déjà, au mois d'octobre, je désespérais de ma vie; car, outre que mon corps s'était couvert d'une croûte très épaisse, j'éprouvais, avec des anxiétés, des douleurs très aiguës et des démangeaisons insupportables. Déjà mes jambes et mes cuisses avaient considérablement enflé; et ne pouvant rester ni assis, ni couché, ni levé, je n'éprouvais du soulagement qu'en me promenant dans ma chambre, soutenu d'une chaise et d'un bâton; mais je ne pouvais pas marcher jour et nuit. Mon corps alors était comparable à une fournaise, et toujours d'une sécheresse affreuse. Faisait-il froid, je m'y exposais sans le sentir; et la nuit, même dans le temps le plus rigoureux, et avec les fenêtres de ma chambre ouvertes, je ne pouvais supporter un simple drap. J'avais les pieds, les jambes, les cuisses, le ventre et les bras enveloppés de linges qu'il fallait changer trois fois par jour, avec la précaution de les humecter d'avance, pour ne pas arracher l'épiderme avec les croûtes qui jetaient de toutes parts des fontaines de pus très âcre. Mes souffrances, qui ont duré plus de six mois, étaient donc incalculables.

Enfin, la belle saison me donna un peu de relâche, et me permit de me promener, mais toujours soutenu d'un bâton. Un jour, et c'était vers la fin de juin, je me trouvais à la promenade, assis à côté d'un brave homme à qui je racontai mes souffrances; il me conseilla de suite les eaux de Charbonnières, en me citant pour exemple la sœur Camus, pharmacienne à l'Hôpital, qui n'avait guéri d'une dartre très maligne, que par l'usage de ces eaux.

Aussitôt je rentre chez moi, et jette par les fenêtres tous les remèdes qui m'étaient encore destinés; j'envoie auprès de la sœur Camus, qui me confirme sa guérison; et le surlendemain, jusqu'au 31 juillet, j'allai tous les jours, par les voitures journalières, boire les eaux de Charbonnières. Mais, m'apercevant que ce trajet d'aller et de revenir dans la même matinée m'échauffait beaucoup, je les interrompis jusqu'au 1er noût que je fus y prendre résidence jusqu'au 20 septembre; ce qui fait en tout soixante-dix jours, pendant lesquels je les ai prises à la dose de quatre pintes le matin et deux le soir. Cependant mes croûtes n'avaient point diminué; j'éprouvai seulement plus de tranquillité et plus de fraîcheur dans le sang, puisque les transpirations reparurent; mais ce ne fut que pendant l'hiver suivant que ces croûtes commencèrent à tomber, au point qu'au 16 mai suivant 1801 il ne m'en restait qu'un peu aux chevilles.

A cette époque je retournai une troisième fois à Charbonnières, et y séjournai jusqu'au 20 juin. J'y suis ensuite retourné le 4 août, jusqu'au 16 octobre; et, à ces deux dernières époques, je les ai prises à la dose de six pintes le matin, et trois dans l'après-dînée.

Enfin, vers la fin de juillet, toujours 1801, mes croûtes avaient entièrement disparu, et je commençai alors à marcher plus librement; ce qui m'a fait connaître que ces eaux n'avaient réellement agi que dans les intervalles que je discontinuais de les prendre. C'est pourquoi, et pour ne pas en contrarier les effets, j'avais supprimé toute espèce de remèdes, et j'avais observé un régime sévère, en retranchant de ma nourriture tous les acides, et même le vin ; régime que j'observe encore.

C'est par cette exactitude dans ma conduite que je suis parvenu à une complète guérison, et que beaucoup d'autres dartreux, qui ont écouté mes avis, ont eu le même succès.

Au reste, l'on conçoit qu'après environ deux cents jours de résidence et d'observations réfléchies sur les différentes maladies que j'ai vu guérir par l'effet de ces eaux, je puis bien en garantir l'efficacité, lorsque les malades ont voulu observer le régime. Pendant cet espace de temps, j'ai vu des fièvres, des biles répandues, des dépôts de lait, les rachès et teignes, les estomacs affaiblis ou délabrés, les opilations, toutes les maladies de la peau, et toutes celles qui proviennent du sang, ne pas résister contre les eaux de Charbonnières, pourvu que le malade ait une bonne poitrine, et observe le régime connu et indiqué; ce que j'atteste véritable. A Lyon, le 29 mars 1802.

LINOSSIER, *place Léviste*, 68.

En 1804, M. Brisson, aide-de-camp, après s'être présenté dans toutes les maisons et auberges de Charbonnières, sans avoir pu y trouver asile, s'adressa à Pierrette Jourdan, fermière de l'hôtel de la source des eaux minérales, qui, malgré le déplorable état où l'avait réduite une dartre vive qui lui couvrait tout le corps et même tout le visage, lui donna une chambre, et en prit soin pendant trois mois et demi que sa maladie a duré, et qui a cédé au régime seul des eaux et du lait de vache, pour toute nourriture.

www.ingramcontent.com/pod-product-compliance
Ingram Content Group UK Ltd.
Pitfield, Milton Keynes, MK11 3LW, UK
UKHW021027260726
13994UKWH00005B/2001

9 782329 155500